Automobiles
DE DION BOUTON

1913

ETABLISSEMENTS

DE DION BOUTON

SOCIÉTÉ ANONYME AU CAPITAL DE 15.000.000 DE FRANCS

VOITURES
DE VILLE ET DE
TOURISME

SIÈGE SOCIAL ET USINES : 36, QUAI NATIONAL, PUTEAUX (Seine)

ADRESSE TÉLÉGRAPHIQUE : BOUTON-PUTEAUX   TÉLÉPHONE : 519-92, 571-51

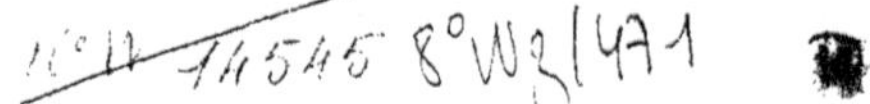

VUE PANORAMIQUE DES ÉTABLISSEMENTS DE DION-BOUTON A PUTEAUX

CONDITIONS GÉNÉRALES DE VENTE

CONVENTIONS. — Nos voitures sont vendues au comptant, sans escompte. Paiement un tiers à la commande, solde à la livraison. Notre droit d'apporter à nos modèles telles modifications que nous jugerions utiles est toujours réservé.

LIVRAISONS. — Les dates de livraison sont fournies à *simple titre indicatif* sans engagement de notre part. Le retard de livraison ne peut donc autoriser une demande quelconque d'indemnité contre nous. Toutefois, si le retard de la livraison vient à excéder *deux mois*, le client peut, après avoir réclamé la livraison, exiger l'annulation de sa commande. Dans ce cas toute provision versée par lui sera immédiatement remboursée, mais sans intérêt ni indemnité. Toutes nos livraisons sont faites à Puteaux, après essais faits par nous à nos Usines.

EXPÉDITIONS. — Les expéditions sont toujours faites aux frais, risques et périls des destinataires. Nous déclinons toute responsabilité pour tous retards et accidents pouvant survenir en cours de route.

GARANTIE. — Notre garantie est limitée : 1° au délai d'*une année*; 2° à la reprise pure et simple, à nos Usines, des pièces détériorées et à leur échange contre des pièces neuves. La gratuité doit être réclamée au moment de la demande d'échange ou de réparation. Dans tous les cas, la remise de l'ancienne pièce doit être faite au préalable.

RÉPARATIONS. — Toute voiture ou pièce expédiée pour réparation doit nous être adressée franco et porter une étiquette mentionnant le nom et l'adresse de l'expéditeur. Sauf demande expresse du client, formulée à l'envoi, les pièces remplacées ne sont point conservées. Les réparations sont toujours payables au comptant. Le retour des voitures et pièces est fait en port dû.

FORCE MAJEURE. — Les cas de force majeure et la grève emportent dérogation immédiate à tous nos engagements.

JURIDICTION. — Toutes promesses, livraisons et paiements sont faits à Puteaux. En conséquence, les tribunaux de la Seine sont seuls compétents pour connaître des différends auxquels pourraient donner lieu nos transactions. La faculté d'envoyer contre remboursement, de faire traite ou l'acceptation de valeurs, n'opère jamais novation ou dérogation à cette clause attributive de juridiction.

AGENTS. — Les agents vendant nos machines ne sont ni nos employés, ni nos mandataires. Ils sont nos *clients* et vendent pour leur propre compte. Nous leur donnons le titre d'agents, parce qu'ils ont le monopole de la vente de nos machines dans une région déterminée. Ils ne peuvent, par conséquent, nous engager vis-à-vis des tiers que pour la garantie de la machine dans les conditions indiquées plus haut.

Ce Catalogue annule les précédents.

(15 OCTOBRE 1912)

BLOC-MOTEUR 2 CYLINDRES 6 HP

NOS MODÈLES 1913

Nous nous sommes appliqués dans l'établissement de nos nouveaux modèles 1913 à réaliser plus complétement encore que par le passé les qualités de *confort*, de *facilité de conduite* et *d'entretien*, de *solidité* à toute épreuve sans lesquelles — objet de luxe ou instrument de travail — l'automobile n'apporte point à son possesseur les satisfactions — plaisirs ou profits — qu'il est en droit d'en attendre.

Nous réalisons le *confort* par l'adoption d'une suspension idéale, qui, s'ajoutant à la perfection des mécanismes, garantit contre toute trépidation.

Nous réalisons la *facilité de conduite* par la souplesse de nos moteurs, la progressivité de nos embrayages, l'automaticité de fonctionnement dans la carburation et le graissage. Nous épargnons ainsi tout souci au conducteur en cours de route.

La *facilité d'entretien* de nos véhicules découle de la simplicité même de nos montages, de la facilité des réglages d'ailleurs bien rarement nécessaires, de la protection des organes extérieurs d'ailleurs réduits au minimum, enfin de la grande accessibilité de tous les mécanismes.

La résistance de nos voitures est bien connue. Avant tout — et c'est bien la qualité entre toutes essentielle — *elles sont durables*. Des études théoriques minutieuses dans nos bureaux de dessin, de longs essais pratiques à nos ateliers d'expériences et de mise au point, un choix sévère de matériaux de toute première qualité, un contrôle incessant à toute hauteur de fabrication de nos Laboratoires modèles, enfin un usinage parfait, résultat d'une main d'œuvre particulièrement stable et d'un outillage extrêmement perfectionné, tels sont les facteurs multiples auxquels notre construction doit cette solidité qui est devenue proverbiale non seulement en France, mais dans le monde entier.

CHASSIS

Tous nos châssis 1913 sont en tôle d'acier emboutie.

La suspension est réalisée à l'avant et à l'arrière par des ressorts longitudinaux. Les ressorts arrière sont larges. Ils sont suspendus à des demi-crosses qui assurent au véhicule une très grande souplesse.

Les organes sont protégés par un grand carter en tôle qui obture toute la partie inférieure de la voiture.

5

MOTEUR 4 CYLINDRES MONOBLOC 10 HP

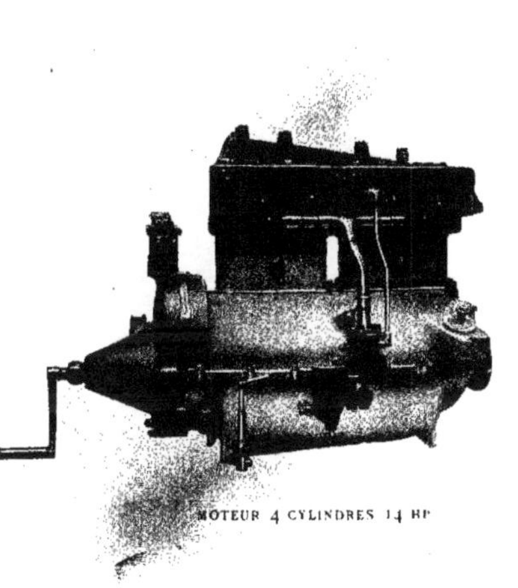

Nous avons donné à nos châssis 1913 la même hauteur qu'à ceux de l'année dernière. Nous avons aussi soigneusement évité les points trop bas qui, sur de mauvaises routes, pourraient causer de graves avaries.

MOTEURS

Nos moteurs 1913 sont à deux, quatre ou huit cylindres. Le carburateur est automatique. L'allumage a lieu par magnéto à haute tension. Le refroidissement est assuré par un radiateur-réservoir. La circulation s'opère par thermo-siphon.

Plus encore, s'il est possible, que leurs devanciers dont l'universelle réputation est bien connue, nos moteurs modèle 1913 sont souples et silencieux. *Souples* : ils peuvent tourner à l'allure la plus lente et reprendre instantanément l'allure la plus rapide. *Silencieux* : des chaînes spéciales qui ne font aucun bruit assurent la transmission du mouvement du vilebrequin aux organes de distribution d'allumage et de graissage. Tout cliquetis des clapets est étouffé dans des boîtes étanches.

Le graissage s'opère dans tous nos moteurs par circulation d'huile sous pression.

EMBRAYAGE

Tous nos modèles 1913 sont munis d'un
embrayage à plateau d'entraînement unique. Dans
les modèles 6, 8 et 10 HP le plateau d'entraînement
est en tôle garnie sur ses deux faces d'une
substance particulière d'un excellent usage et d'un
remplacement facile et peu coûteux. Pour les
modèles plus puissants, les embrayages sont à
plateau d'entraînement métallique.

Les embrayages ont une très grande douceur
de fonctionnement, car ils sont au plus haut point
progressifs. Ils ne nécessitent aucun entretien,
les surfaces de frottement fonctionnant à sec.
Enfin, la légèreté des plateaux d'entraînement rend,
grâce à sa faible inertie, le passage des vitesses
extrêmement facile.

CHANGEMENT DE VITESSE

L'appareil est à 3 vitesses et à baladeur unique
pour les modèles 6, 8 et 10 HP. Pour les modèles
plus puissants, l'appareil est à 4 vitesses et à
double baladeur. Tous ont la grande vitesse en

MOTEUR 8 CYLINDRES 20 HP

7

EMBRAYAGE
MÉTALLIQUE

PONT ARRIÈRE RIGIDE

prise directe. Les arbres sont montés sur roulements à billes. Les engrenages sont en acier dur, ils sont durables et silencieux.

Dans les modèles 6 HP et 8 HP le changement de vitesse est solidaire du moteur et forme avec lui un bloc qui comporte toutes ses commandes accessoires. Dans les autres modèles l'appareil est indépendant du moteur.

Dans nos modèles 12 HP et au-dessus, la commande est complètement enfermée dans le carter du changement de vitesse. Seul, un axe accouple cette commande au levier à main. C'est un montage extrèmement simple et élégant qui a en outre l'avantage de supprimer tout entretien.

Les rapports de démultiplication adoptés pour chaque modèle ont été faits avec le souci de faire, avant tout, de chaque voiture une *excellente grimpeuse de côtes*, point essentiel.

TRANSMISSIONS

Dans les voitures de 6 à 12 HP, la transmission du mouvement aux roues arrières se fait *par pont rigide.* Dans les voitures de 20 HP et au-dessus, la transmission se fait par notre système bien connu des *cardans transversaux.* On sait que, grâce à ce système, *l'essieu est d'une seule pièce et uniquement porteur*. Il peut donc subir tous les chocs sans qu'aucune répercussion ait lieu sur les axes de commande. La fixité de la position du différentiel par rapport au moteur évite tout trouble dans la transmission du mouvement aux engrenages de cet organe délicat. *Grâce au fonctionnement des dés de cardan dans toutes les positions obliques, l'essieu arrière peut jouer en tous sens sous l'influence des inégalités de la route.* Le système est en outre le seul permettant aisément de réaliser le carrossage qui assure une portée normale sur le sol des routes. Il en résulte une économie importante des pneumatiques. Enfin, les dés de cardan étant cémentés et coulissant entre des plaquettes cémentées fixées aux têtes de cardan, sont pour ainsi dire inusables.

La transmission par pont rigide aboutit pour les véhicules puissants à l'adoption de ponts arrière extrèmement lourds qui entrainent une usure considérable des pneumatiques. C'est pourquoi dans cette mesure nous l'avons répudiée.

L'inconvénient s'atténuant avec la diminution de puissance, le système de transmission par pont arrière rigide nous a paru pouvoir être adopté sur les modèles les plus faibles et jusqu'au modèle 14 HP qui peut indifféremment et à la demande du client être établi avec l'un ou l'autre système.

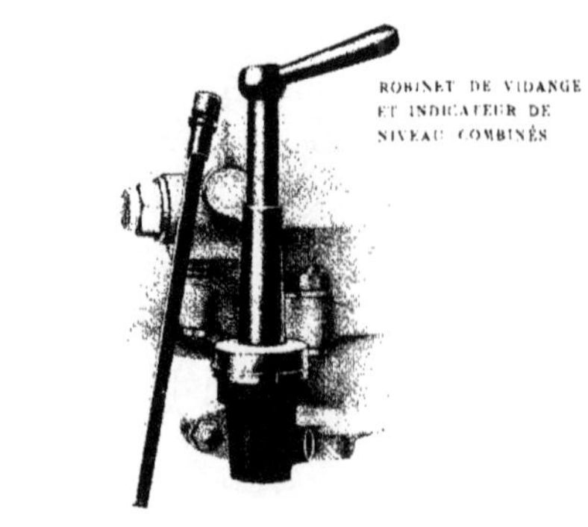

ROBINET DE VIDANGE ET INDICATEUR DE NIVEAU COMBINÉS

ESSIEU ARRIÈRE POUR CARDANS TRANSVERSAUX

DISPOSITIF D'ACCOUPLEMENT
ENTRE L'EMBRAYAGE ET LA BOITE DE VITESSES

Jusque dans leurs lignes extérieures, nos moteurs révèlent une simplicité extrême. Les tuyauteries sont réduites au minimum et toujours peu apparentes.

DIRECTIONS

Tous nos modèles de direction sont à vis tangente et à secteur denté. Elles sont toutes irréversibles et la commande en est très douce.

Une manivelle placée sur le volant de direction actionne le papillon du carburateur par l'intermédiaire d'un axe qui traverse la direction.

TRAIN AVANT

Nous avons adopté pour nos modèles 1913 un essieu avant d'un nouveau modèle extrêmement élégant. Les chapes sont portées par les fusées. L'axe de pivotement est maintenu par un dispositif spécial de blocage qui lui assure une solidité à toute épreuve. Les roues sont montées sur roulements à billes et le pivotement lui-même se fait sur butée à billes.

FREINS

Les freins sont au nombre de deux : le frein sur appareil actionné par une pédale et le frein à main qui agit directement sur les roues. La pédale de frein sur appareil est conjuguée avec la commande de carburateur. Dans la première partie de sa course, elle ferme le papillon qui commande l'admission des gaz et par suite produit le ralentissement du moteur. Dans la seconde partie de sa course, la pédale actionne le frein. La pédale de frein permet ainsi de varier aisément la vitesse. Il en résulte une *très grande souplesse* dans la conduite de la voiture.

Nota. — Pour chacun de nos modèles nous éditons une *Notice spéciale* contenant la *Description* des mécanismes et donnant tous les conseils nécessaires pour la *Conduite*, le *Graissage* et l'*Entretien*.

Des *Études descriptives détaillées* sont également publiées dans notre journal spécial hebdomadaire : « *Le De Dion-Bouton* ».

Ces Notices et ces Études sont fournies à nos clients à titre gracieux.

DIRECTION IRRÉVERSIBLE

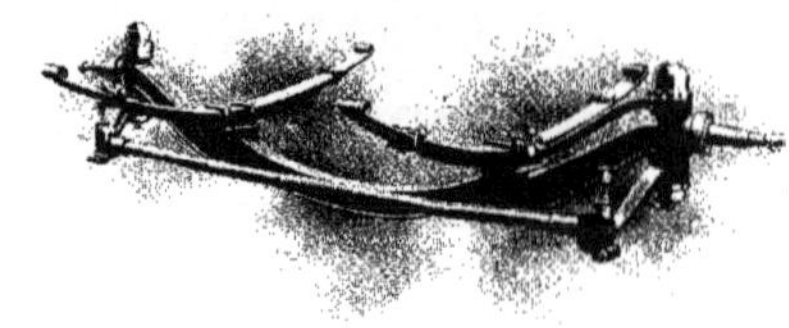

ESSIEU AVANT

TORPEDO SUR CHASSIS 6 HP 2 CYLINDRES

TORPEDO SUR CHASSIS 10 HP 4 CYLINDRES

TORPEDO 2 PLACES SUR CHASSIS 12 HP

TORPEDO SUR CHASSIS 14 HP

COUPÉ DE VILLE SUR CHASSIS 14 HP

LIMOUSINE SUR CHASSIS 14 HP

LIMOUSINE SUR CHASSIS 25 HP

CONDUITE INTÉRIEURE SUR CHASSIS 20 HP 8 CYLINDRES

CARACTÉRISTIQUES DES CHASSIS 1913

Puissance	6 HP	8 HP	10 HP	12 HP		14 HP		20 HP		25 HP		35 HP
TYPE ADMINISTRATIF	DW 2	DW 4	DX	DY mixte	DY long	DZ	EA	EC	ED	EB	EB 2	EF
NOMBRE DE CYLINDRES	2	4	4	4	4	4	4	8	8	4	4	8
ALÉSAGE	66	54	66	75	75	80	80	75	75	100	100	94
COURSE	120	110	120	130	130	140	140	130	130	140	140	140
NOMBRE DE VITESSES	3	3	3	4	4	4	4	4	4	4	4	4
TRANSMISSION	pont rigide	pont rigide	pont rigide	pont rigide	pont rigide	pont rigide	cardans transv.	cardans transv.	cardans transv.	cardans transv.	cardans transv.	cardans transv.
DÉMULTIPLICATION AU DIFFÉRENTIEL PAR	pignon cônes	pignon cônes	pignon cônes	pignon cônes	pignon cônes	pignon cônes	pignon cônes	pignon cônes	vis tang.	pignon cônes	vis tang	vis tang.
VOIE	1m150	1m150	1m250	1m350	1m350	1m400	1m400	1m400	1m400	1m450	1m450	1m450

CARACTÉRISTIQUES DES CHASSIS 1913

Puissance	6 HP	8 HP	10 HP	12 HP		14 HP		20 HP		25 HP		35 HP
Type administratif	DW 2	DW 4	DX	DY mixte	DY long	DZ	EA	EC	ED	EB	EB 2	EF
Empattement	2m137	2m137	2m724	2m820	3m070	3m315	3m315	3m420	3m420	3m500	3m500	3m565
Roues pour pneus de	700×85	700×85	810×90	810×90	810×90	875×105	875×105	880×120	880×120	880×120	880×120	
	ou	ou	ou	ou	ou	ou	ou	ou	ou	ou	ou	935×135
	710×90	710×90	815×105	815×105	815×105	880×120	880×120	935×135	935×135	935×135	935×135	
Longueur de la Carrosserie	1m665	1m665	2m400	2m400	2m650	2m650	2m650	2m700	2m700	2m850	2m850	2m900
Entrée de Carrosserie	1m100	1m100	1m567	1m570	1m820	1m915	1m915	1m960	1m960	1m930	1m930	1m960
Largeur du Chassis	790	790	850	850	850	850	850	850	850	900	900	900
Longueur totale	3m130	3m130	3m785	3m975	4m225	4m550	4m550	4m660	4m660	4m800	4m800	4m875

TARIF DES CHASSIS MODÈLES 1913

Châssis 6 HP, type DW-2.. ..	4.000 fr.	**Châssis** 20 HP, type EC .. .. 12.250 fr.
Châssis 8 HP. — DW-4.. ..	4.800 —	**Châssis** 20 HP. — ED .. .. 13.250 —
Châssis 10 HP, — DX.	6.000	**Châssis** 25 HP. — EB .. .. 12.250 —
Châssis 12 HP. — DY.	7.800 —	**Châssis** 25 HP. — EB-2. .. 13.250
Châssis 14 HP. — DZ.	8.800	**Châssis** 35 HP. — EF .. .. 17.500 —
Châssis 14 HP. — EA.	8.800 —	

Les prix ci-dessus s'entendent du Châssis seul
sans carrosserie et sans pneus

TARIF DES VOITURES COMPLÈTES MODÈLES 1913
SANS PNEUMATIQUES

Les prix ci-dessous s'entendent de la Voiture avec Carrosserie Torpedo, capote,
pare-brise, joues d'ailes et de marchepieds, deux lanternes avant, lanterne arrière,
deux plaques de police, trompe, boîte à outils sur le marchepied, tapis caoutchouc.

Voiture 6 HP, type DW-2 ..	5.100 fr.	**Voiture** 14 HP, type DZ	11.800 fr.

Voiture 6 HP, type DW-2 ..   5.100 fr.
Voiture 8 HP, — DW-4 ..   5.900 —
Voiture 10 HP, — DX
  Modèle 2 places, coffre arrière.. .   7.800 —
  Modèle 4 places.. .. ..   8.500 —
Voiture 12 HP, type DY
  Sur châssis mixte, 2 pl., coffre arr.   9.600 —
  Sur châssis mixte, 4 places .. ..   10.300 —
  Sur châssis long, 4 places . .. ..   10.800 —

Voiture 14 HP, type DZ .. ..   11.800 fr.
Voiture 14 HP, — EA .. ..   11.800 —
Voiture 20 HP. — EC .. ..   15.250 —
Voiture 20 HP. — ED .. ..   16.250 —
Voiture 25 HP. — EB .. ..   15.250 —
Voiture 25 HP. — EB-2 ..   16.250 —
Voiture 35 HP. — EF .. ..   20.500 —

Supplément pour Strapontins   \   Sur les types DY long, DZ, EA, EC, ED..   250 fr.
de côté ou face à la route   /   Sur les types EB, EB-2, EF.. .. .. ..   350 —

Pour tous autres modèles de Carrosserie nous établissons des devis et donnons sur
demande tous renseignements nécessaires.

PNEUMATIQUES

**Nos voitures et châssis sont livrés avec pneumatiques Michelin
ou sans pneumatiques**

*Le tarif, applicable aux pneumatiques livrés avec les châssis
à la date du présent catalogue (15 octobre 1912) est le suivant :*

PRIX DES PNEUMATIQUES MICHELIN
A LA DATE DU PRÉSENT CATALOGUE

Le train de pneus :

700 × 85 renforcé AV	285 fr.	815 × 105	640 fr.
700 × 85 extra-fort AR		820 × 120	750 —
710 × 90	415 —	875 × 105	680
750 × 85 renforcé AV	310 —	880 × 120	815 --
750 × 85 extra-fort AR.		895 × 135	925 —
760 × 90	450 —	920 × 120	850 --
765 × 105	600 --	935 × 135	980 —
810 × 90	470 —		

*Toute modification qui interviendrait dans le tarif des pneumatiques Michelin serait
immédiatement applicable. La modification viendra en augmentation ou en diminution sur
le montant de toutes commandes, même déjà enregistrées par nous et non encore livrées.*

ROUES RUDGE - WHITWORTH

*La fourniture de roues Rudge-Whitworth sur nos châssis modèles 1913
donne lieu à l'application des suppléments de prix ci-dessous et comprend en plus
du train une roue de rechange sans faux moyeu.*

SUPPLÉMENTS POUR ROUES RUDGE-WHITWORTH

À LA DATE DU PRÉSENT CATALOGUE

Type DX. pour pneus de 810 × 90 .. ..   **850** fr.

Type DY.   — 815 × 105.. .. ..   **850** —

Type DZ.   — 880 × 120.. .. ..   **950** —

Type EA.   — 880 × 120.. .. ..   **950** —

Types (EB, EB-2. ou EC, ED) pour pneus de (880 × 120 ou 935 × 135) .. ..   **1.050** —

Type EF. pour pneus de 935 × 135 .. ..   **1.050** —

TARIF DES ACCESSOIRES

NATURE DES ACCESSOIRES	POUR TOUS TYPES
	Fr.
Porte-pneus fixe pour 1 ou 2 pneus, ferrures peintes	50 »
— — — cuivrées ou nickelées	65 »
Supplément pour cuvette dans le marchepied	10 »
— pour articulations	20 »
Porte-phares à brides peints .. .. *la paire*	50 »
— — cuivrés ou nickelés	80 »
Porte-bagages à talon sans compas	60 »
— articulé à compas	90 »
— à croisillons soudés	125 »
Location de bâche pour expédition	25 »
Trompe avec flexible	30 »
Réservoir sous pression	250 »

TARIF DES SUPPLÉMENTS

NATURE DES SUPPLÉMENTS	Voiturette 6 HP	Voiturettes 8 et 10 HP	Voitures 12, 14 et 20 HP	Voitures 25 et 35 HP
	Fr.	Fr.	Fr.	Fr.
Housse toile imperméable pour siège AV, 2 places	65 »	65 »	65 »	75 »
— — caoutchoutée — —	»	90 »	90 »	100 »
Housse toile imperméable pour double phaéton, 4 places ..	»	140 »	140 »	150 »
— — caoutchoutée — — ..	»	240 »	240 »	250 »
Housse toile imperméable Torpédo 4 places	»	160 »	170 »	180 »
— — caoutchoutée —	»	260 »	270 »	280 »
Housse de capote toile imperméable	»	70 »	80 »	80 »
— — — caoutchoutée	»	110 »	120 »	120 »
Fauteuils sur pivots	»	»	500 »	500 »
Emballage sous toile d'un châssis	5 »	7 »	10 »	10 »
— en claire-voie d'un châssis..	60 »	80 »	90 »	110 »
— en caisse pleine d'une voiture découverte	100 »	150 »	175 »	200 »
— — — fermée..	»	200 »	225 »	250 »
Supplément pour emballage maritime..	50 »	50 »	50 »	50 »

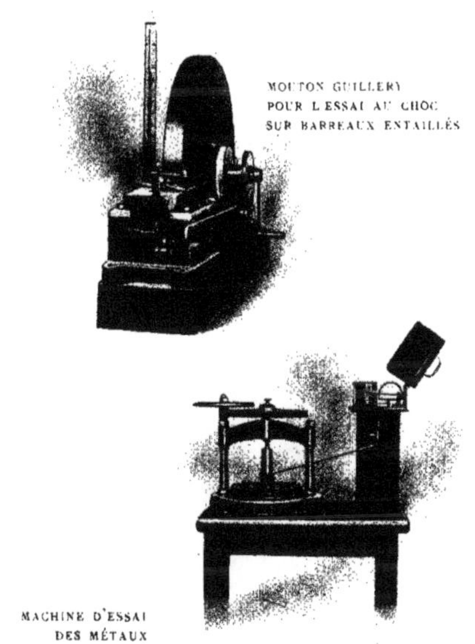

MOUTON GUILLERY
POUR L'ESSAI AU CHOC
SUR BARREAUX ENTAILLÉS

MACHINE D'ESSAI
DES MÉTAUX
A LA DURETÉ

LE CHOIX ET LE CONTROLE DES MATIÈRES PREMIÈRES AUX USINES DE DION-BOUTON

Un choix sévère, un contrôle rigoureux des matériaux qui vont être soumis à l'usinage : telle est la condition primordiale de toute bonne fabrication. Nous avons voulu réaliser cette condition plus et mieux que n'importe quelle usine similaire. Ce fut la raison pour laquelle nous créâmes, il y a douze ans, nos *Laboratoires Modèles* d'Essais Physiques et Chimiques.

Le contrôle de nos matières premières est double :

1° *Dans les usines productrices, des lots sont spécialement travaillés pour nous.* Un ingénieur réceptionnaire procède sur place à leur vérification. Il prélève des échantillons qui, examinés au Laboratoire, nous permettent d'accepter ou de refuser les lots établis. Après prélèvement de témoins, les matières premières reçues sont transformées au fur et à mesure des besoins en matériaux utilisables.

2° *A leur arrivée à l'Usine, les matières premières sont de nouveau examinées et soumises à de multiples essais physiques et chimiques.*

Les *Essais physiques* sont multiples. Ils comprennent des essais de traction, de fragilité, de dureté.

Dans les *essais de traction*, l'éprouvette est saisie à chaque extrémité par de puissantes mâchoires qui s'écartent l'une de l'autre sous l'effort produit par une presse hydraulique actionnée mécaniquement. L'éprouvette s'allonge et finit par se casser. Un appareil enregistreur permet de suivre toutes les phases de l'opération et de déduire la résistance du métal et sa ductilité par l'allongement avant rupture.

Les *essais à la fragilité* sont particulièrement importants pour les pièces d'automobiles, soumises à des efforts et à des trépidations incessantes. Ils se font à l'aide de « *moutons* » qui permettent de casser les éprouvettes sous un choc dont la valeur donne des renseignements précieux sur la qualité du métal. L'un d'eux, le *Mouton Guillery*, est remarquable par la rapidité des essais et la précision des résultats obtenus.

La *mesure de la dureté* se fait à l'aide d'une presse spéciale qui enfonce partiellement dans le métal à essayer une bille d'acier. Le diamètre de la trace laissée par la bille sous une pression déterminée (généralement 3,000 kgs) donne la valeur de la dureté.

La *Métallographie microscopique* constitue, elle aussi, un moyen d'investigation de la plus haute

MACHINE D'ESSAI
A LA BILLE

GROSSE PRESSE
ENREGISTREUSE
DE 100 TONNES

LES FOURS A CÉMENTER

valeur pour juger de la qualité des métaux. Après un premier examen au microscope, qui donne des indications sur la présence des impuretés, la surface polie est attaquée par un réactif approprié qui met en valeur certaines propriétés caractéristiques du métal. L'examen se fait à un grossissement variable de 200 à 500 diamètres, il est complété par des photographies dont quelques-unes, faites sur plaques autochromes, reproduisent fidèlement les teintes les plus délicates de l'image.

Les *Laboratoires d'Essais chimiques* comportent une installation très complète pour les analyses de toute nature, entre autres une remarquable installation pour les dosages électrolytiques qui permettent d'obtenir rapidement les constituants du métal. Des balances d'une extrême précision complètent ce matériel : l'appréciation qu'elles permettent dans les pesées courantes est de l'ordre du dixième de milligramme.

Nos Laboratoires ne se bornent pas à ces travaux d'essais préalables; ils suivent en outre, pas à pas, la fabrication et la surveillent dans toutes ses étapes. C'est un *contrôle incessant* qui ne laisse prise à aucune incertitude.

Les Laboratoires ont sous leurs ordres directs les services importants de la *fonderie*, de la *cémentation*, du *polissage*, du *nickelage*, etc.

C'est à eux que nous devons la création de notre *Huile spéciale de graissage*, dont la supériorité sur tous les produits similaires ne fait pas discussion. On sait que, possédant un point d'inflammabilité extrêmement élevé, cette huile *ne brûle pas* à la température des moteurs. C'est une huile minérale *absolument pure*, et d'une *neutralité absolue*, produit d'un seul fractionnement de distillation, ce qui est indispensable pour les moteurs à graissage sous pression.

Ne se décomposant pas à la chaleur, notre huile spéciale de graissage est essentiellement *durable* et par suite économique. Cette huile est établie, comme on le sait, par la Pittsburg Lubricating Oil Cy, la puissante firme américaine, que représente en France la Société des Oléonaphtes de Marseille. Nos Laboratoires en ont donné la formule et exercent sur sa fabrication un *contrôle permanent*.

C'est aussi à nos Laboratoires que nous devons la fabrication si parfaite de nos Bougies d'Allumage, bougies roses entièrement démontables et extrêmement solides.

Huile et Bougies de Dion-Bouton ont été l'objet de multiples contrefaçons contre lesquelles nous ne saurions trop mettre en garde notre clientèle.

LABORATOIRE DES ESSAIS CHIMIQUES

MACHINE D'ESSAI A LA TRACTION
AVEC ENREGISTREUR